MÉMOIRE

ARTIFICIELLE.

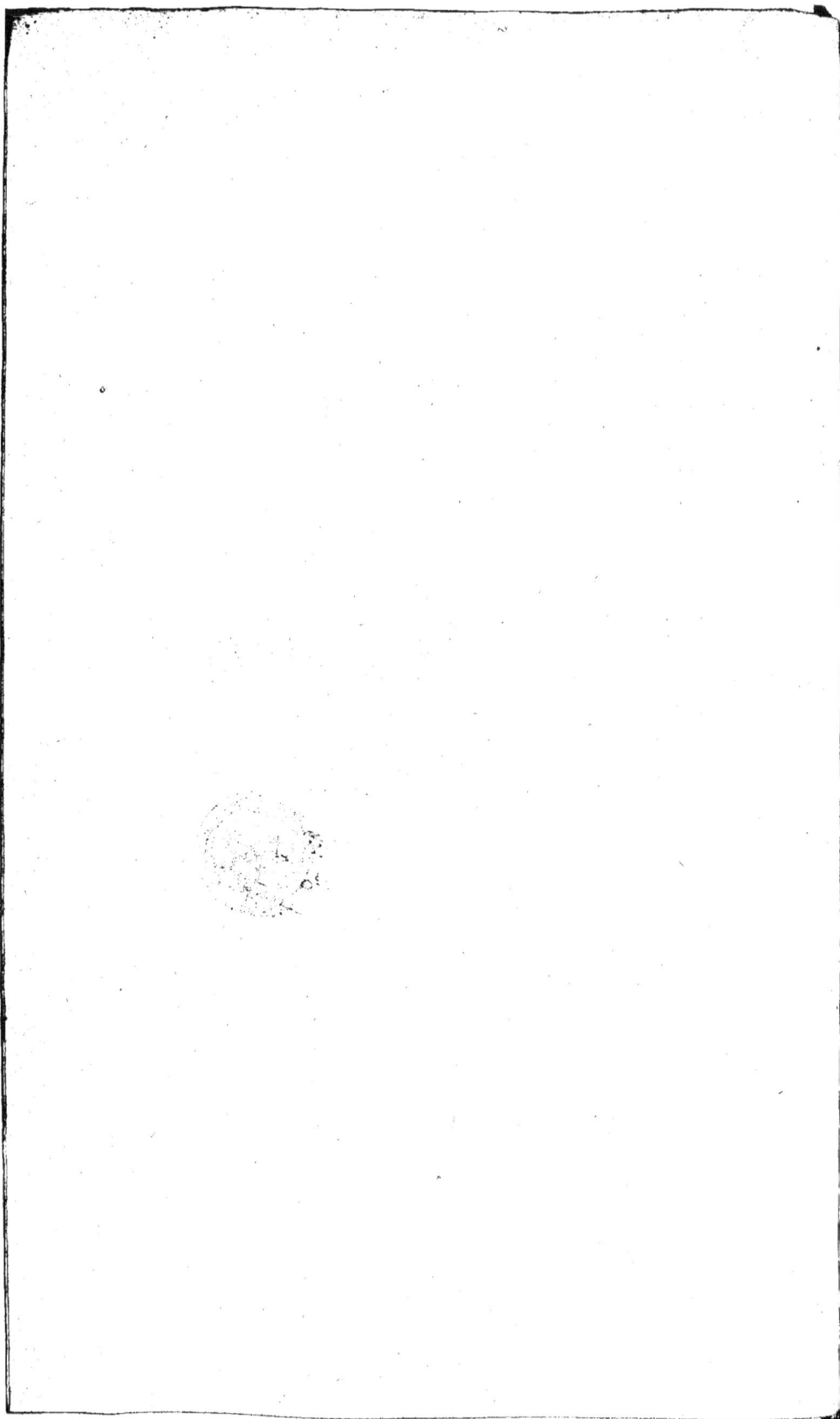

MÉMOIRE

ARTIFICIELLE

DES PRINCIPES

RELATIFS A LA FIDELLE REPRÉSENTATION

DES ANIMAUX,

TANT EN PEINTURE QU'EN SCULPTURE.

PREMIERE PARTIE, CONCERNANT LE CHEVAL.

Par feu M. GOIFFON, & par M. VINCENT, ci-devant son
Adjoint, l'un des Eleves de l'Ecole Royale Vétérinaire de
Paris, & Professeur breveté par le Roi, attaché à cette Ecole.

*OUVRAGE également intéressant pour les personnes qui se destinent
à l'art de monter à cheval.*

TOME TROISIEME.

A ALFORT,

Chez L'AUTEUR, à l'Ecole Royale Vétérinaire.

A PARIS, chez la veuve VALAT-LA-CHAPELLE, Libraire, Grande Salle
du Palais.

A LYON, chez JEAN-MARIE BRUISET, Libraire.

A VERSAILLES, chez BLAISOT, Libraire, rue Satory, au Cabinet Littéraire.

M. DCC. LXXIX.

AVEC APPROBATION ET PRIVILÉGE DU ROI.

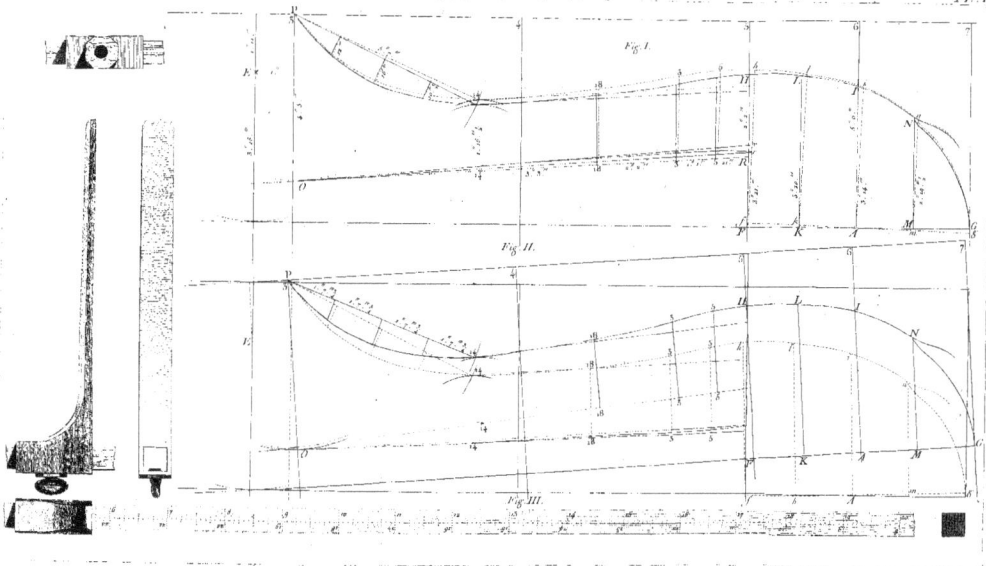

Pl. 1.

Fig. I.

Fig. II.

Fig. III.

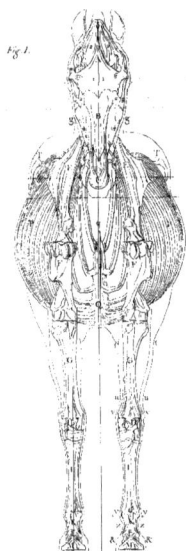

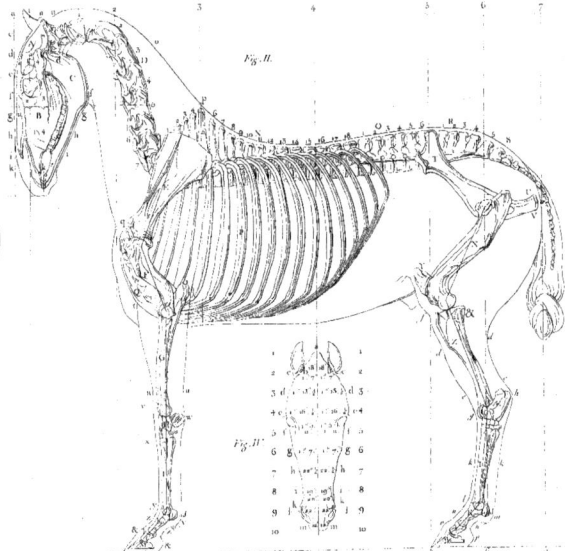

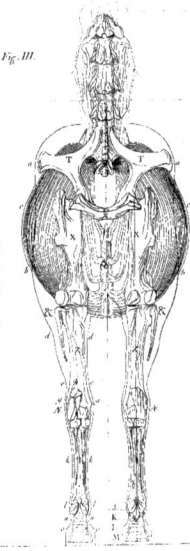

Pl. II.

Fig. I.

Fig. II.

Fig. III.

Fig. II.

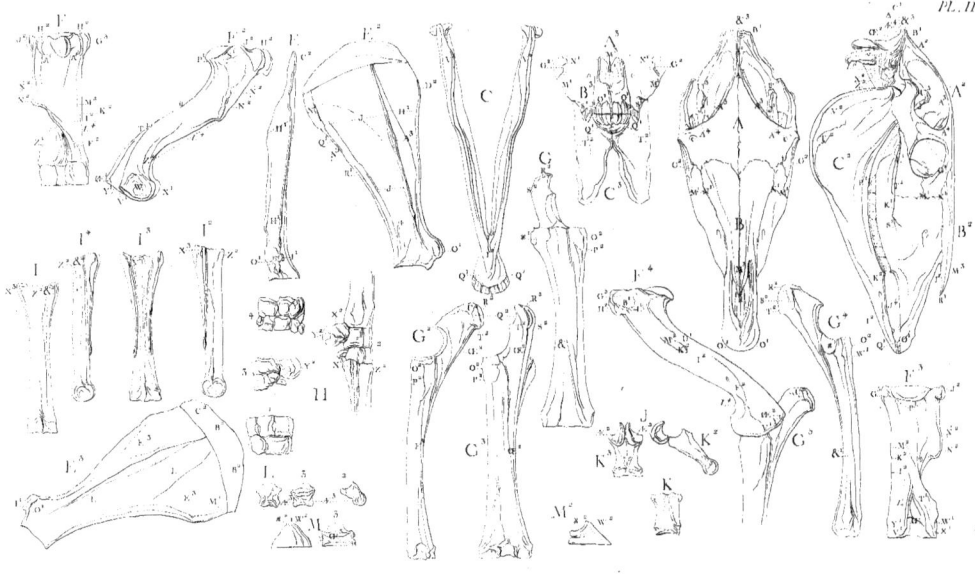

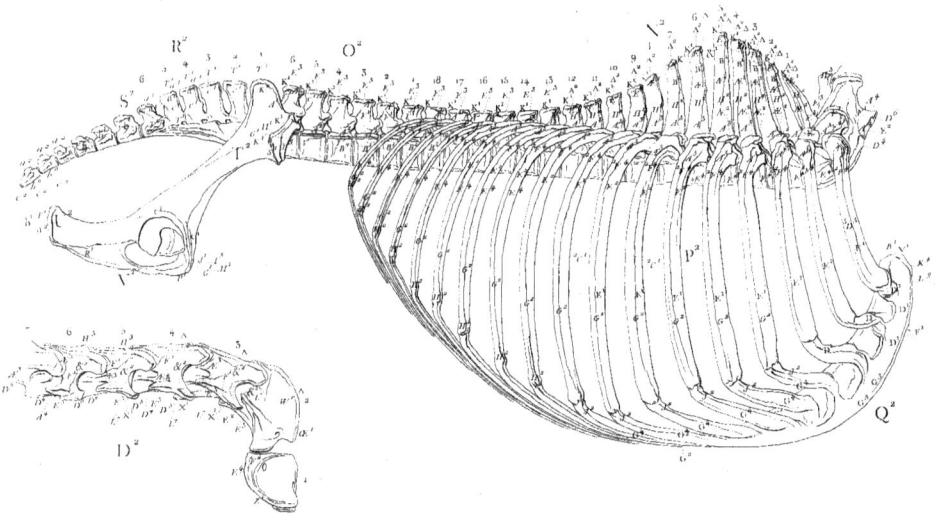

Pl. V

Pl. VI.

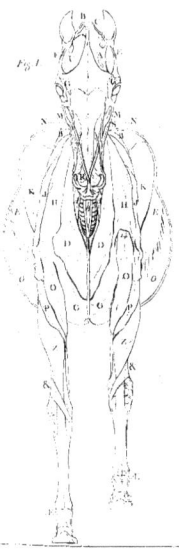

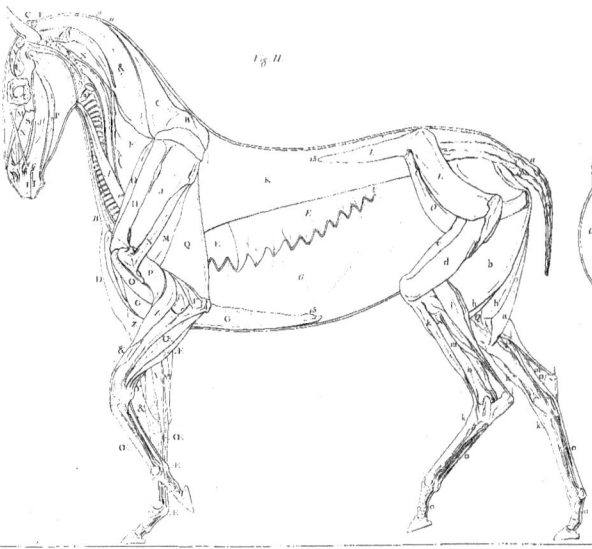

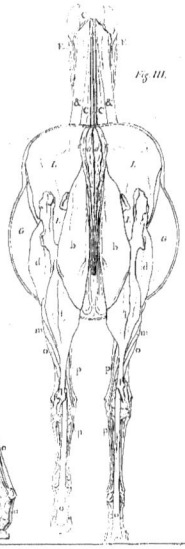

Fig. I.

Fig. II.

Fig. III.

Pl. VII.

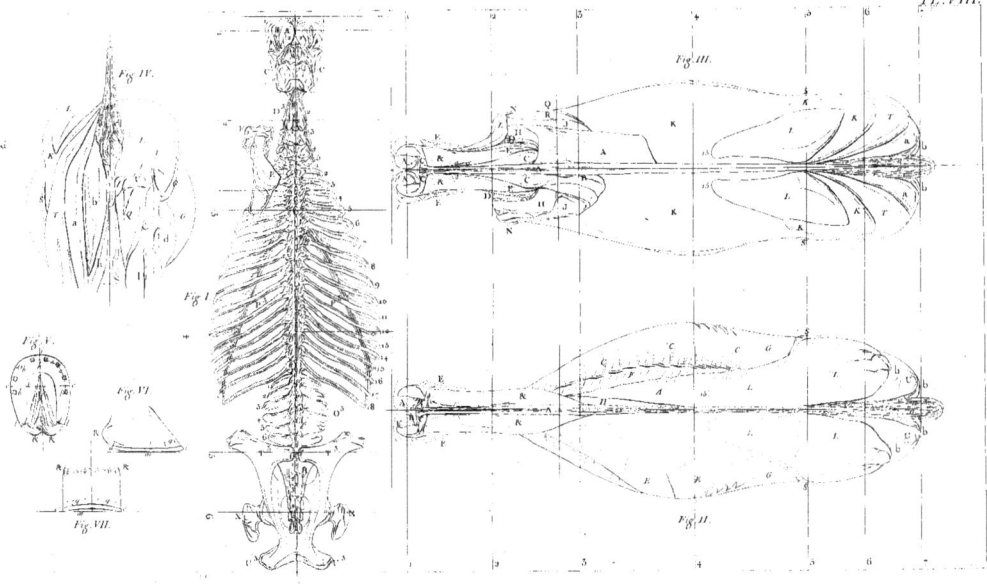

Fig. IV.

Fig. I.

Fig. V.

Fig. VI.

Fig. VII.

Fig. III.

Fig. II.

Pl. IX.

Fig. III.

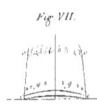

Fig. VII.

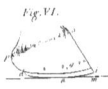

Fig. VI.

Fig. V.

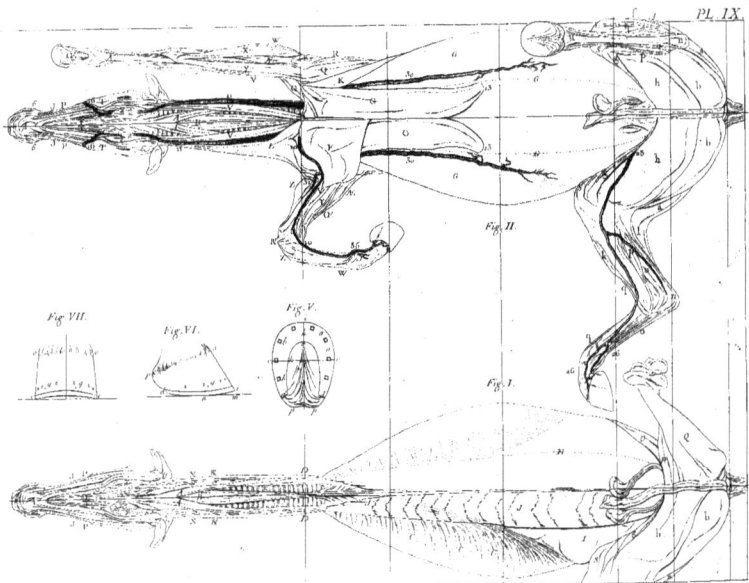

Fig. II.

Fig. I.

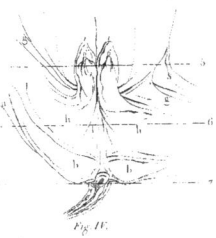

Fig. IV.

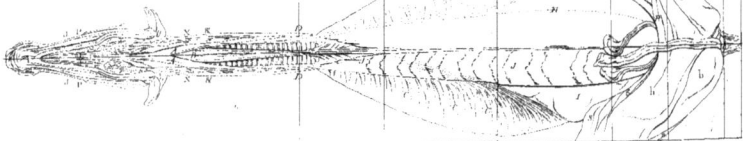

Fig. I.

Fig. II.

Fig. III.

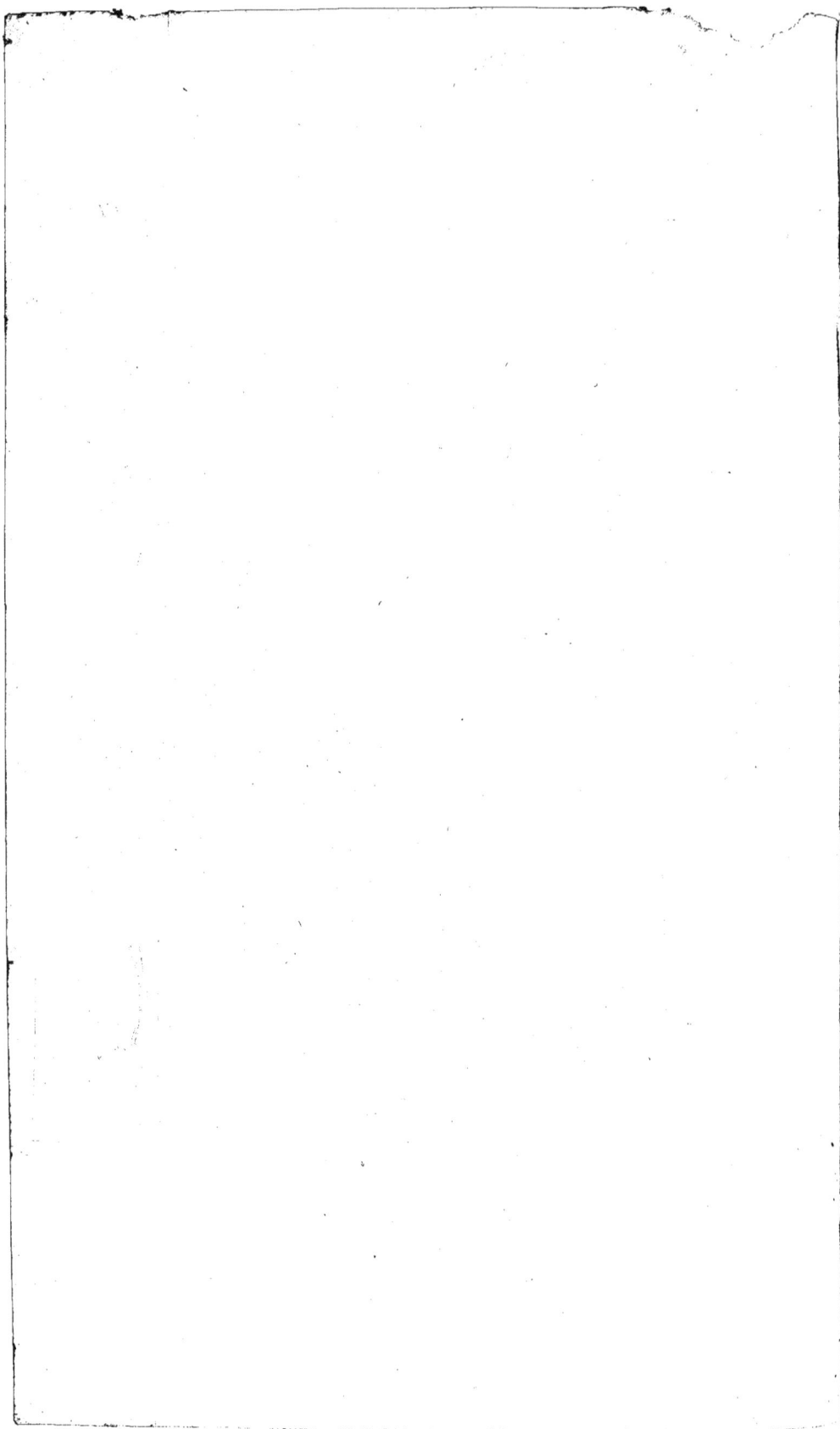

Pl. XI.

Fig. I.   Fig. II.   Fig. III.   Fig. IV.   Fig. V.   Fig. VI.

Fig. VII.   Fig. VIII.   Fig. IX.   Fig. X.   Fig. XI.   Fig. XII.

Fig. I.

Fig. II.

Fig. III.

Pl. XII.

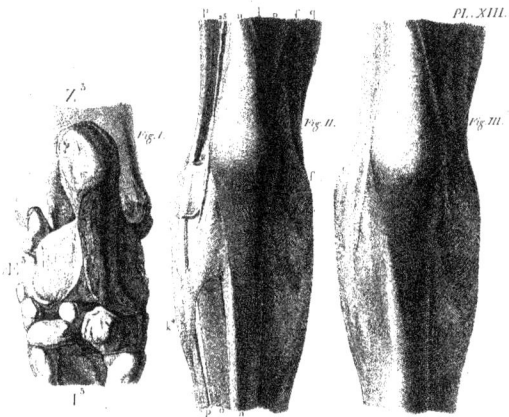

Fig. I. *Fig. II.* *Fig. III.*

PL. XIII.

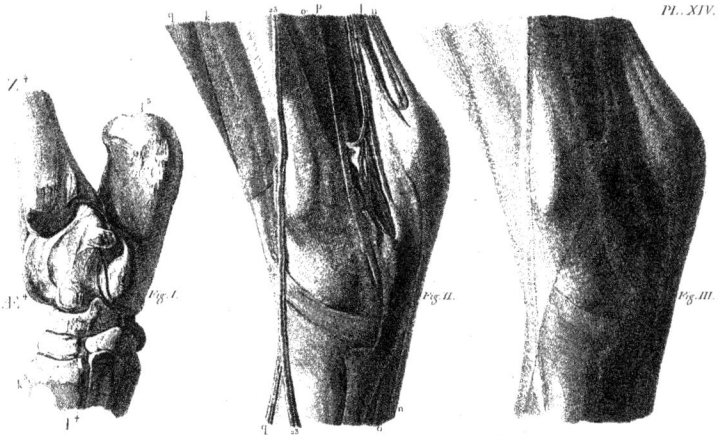

PL. XIV.

Fig. I.   Fig. II.   Fig. III.

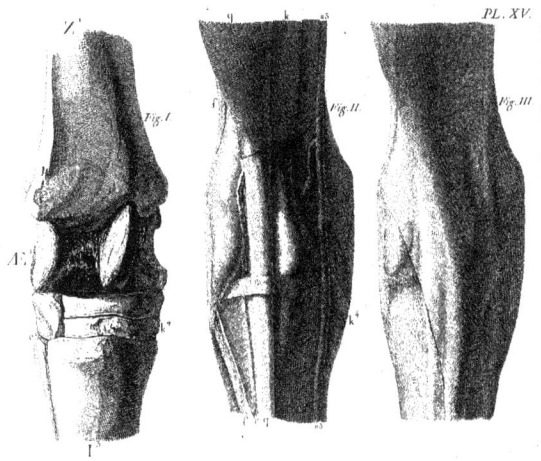

PL. XV.

Fig. I Fig. II Fig. III

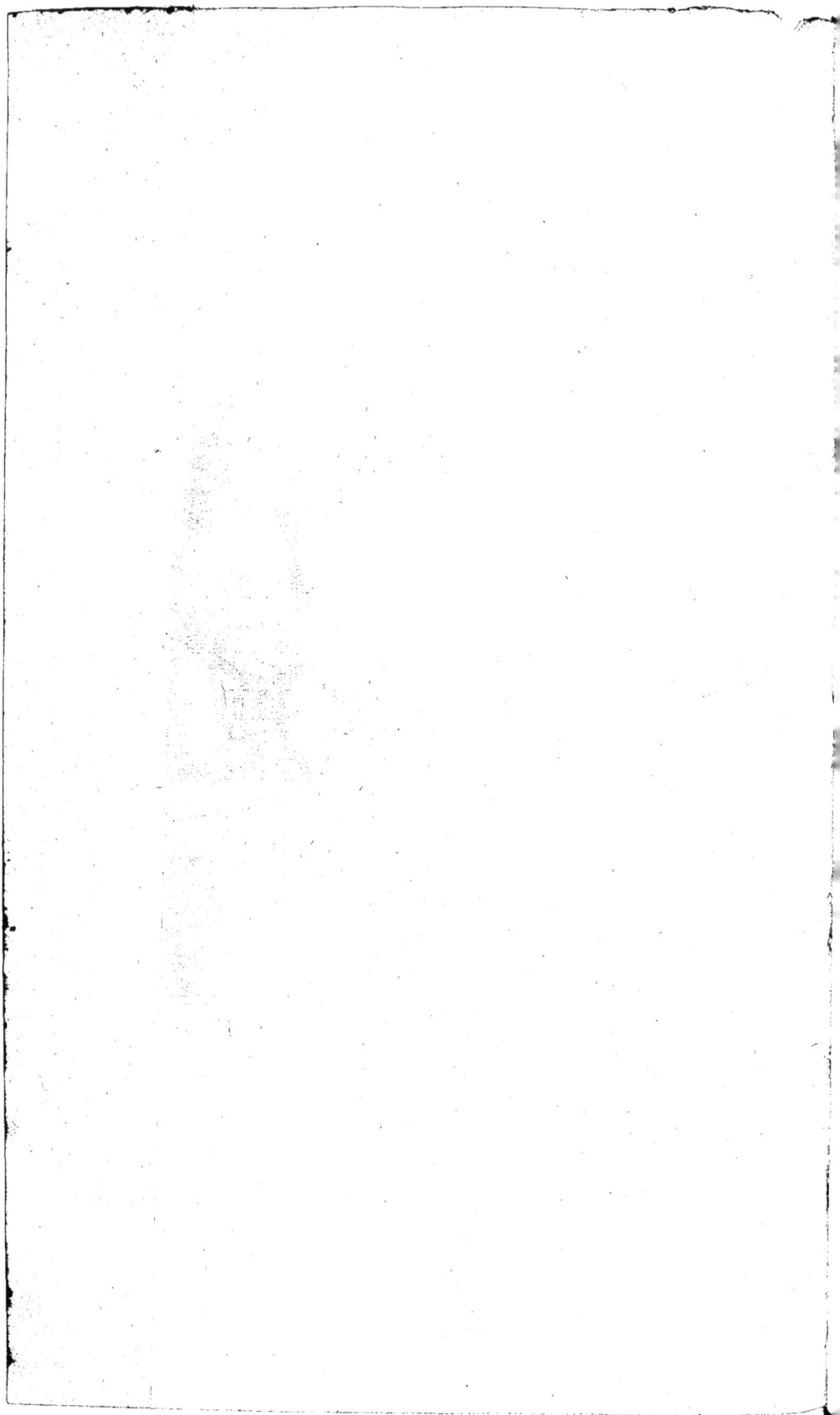

TABLEAU

ÉCHELLE DU PAS-D-C.

ÉCHELLE DE L'AMBLE

TABLE

	Appui		AVANT-MAIN.			Soutien		
S								
SV								
VE								
EF								
FG								
GH								
HI								
IK								
KL								
LM								
MS								

	Appui		ARRIÈRE-MAIN.			Soutien		
S								
SV								
VX								
XZ								
ZL								
LK								
KI								
IM								
MS								

PISTES

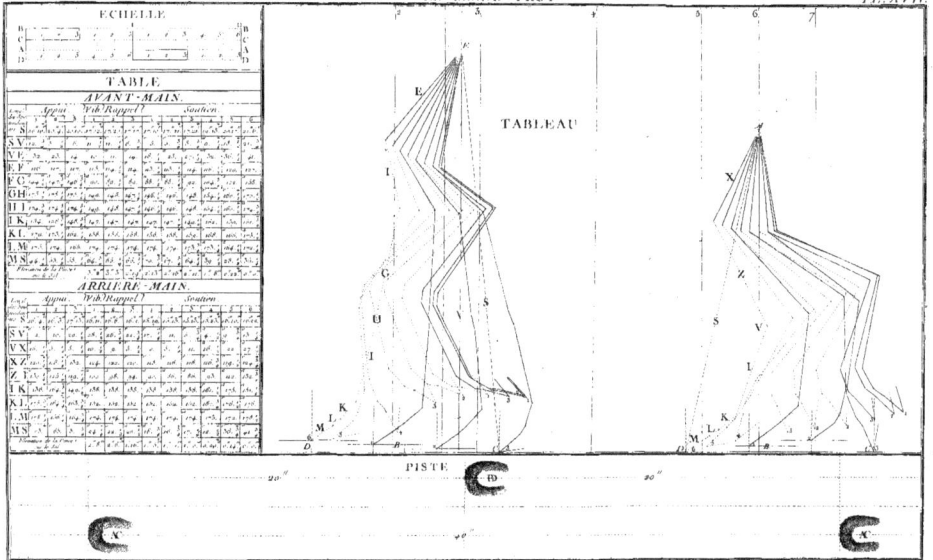

ÉCHELLE

TABLE

AVANT-MAIN

ARRIÈRE-MAIN

TABLEAU

PISTE

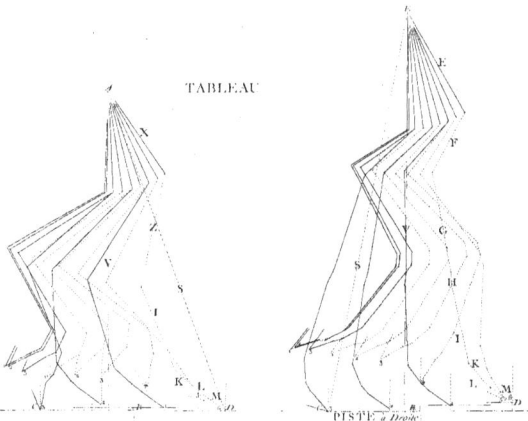

ECHELLE

TABLE

TABLEAU

PISTE à Droite

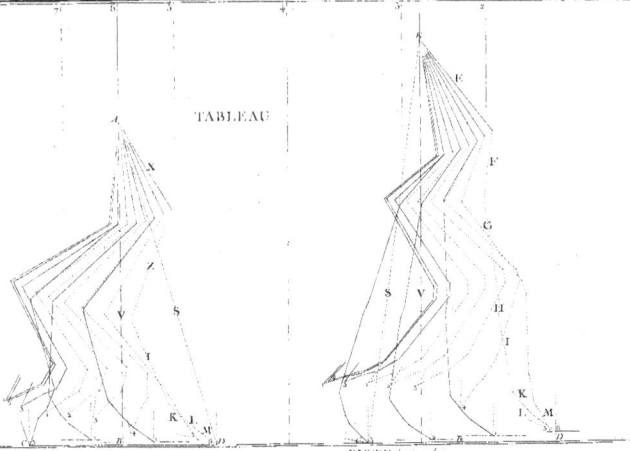

TABLEAU

PISTE à gauche.

ÉCHELLE

TABLE

à Droite A	AVANT-MAIN.	à Gauche B
Appui.	Vib.t Rappel.?	Soutien

à Droite D	ARRIERE-MAIN.	à Gauche C
Appui.	Vib.t Rappel.?	Soutien

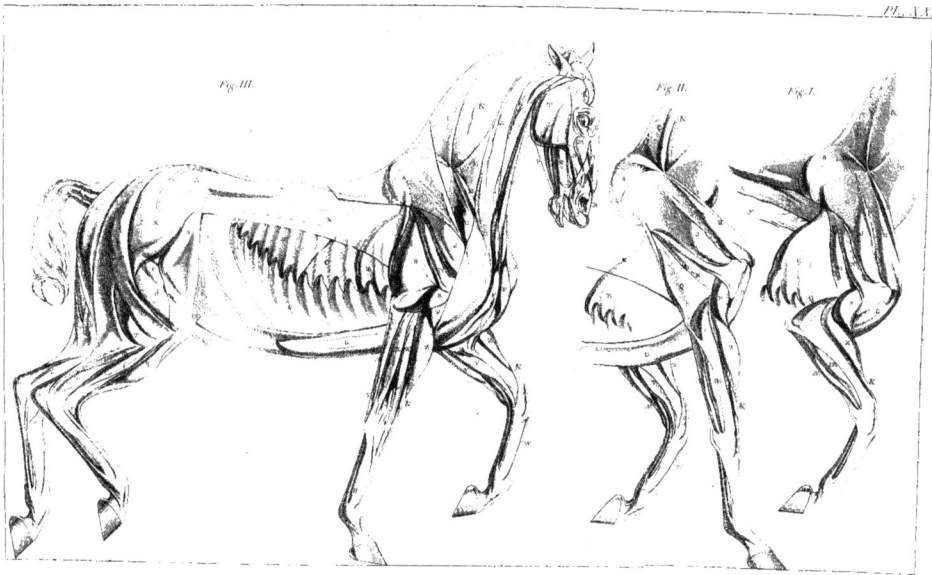

Pl. XX

Fig. III.   Fig. II.   Fig. I.

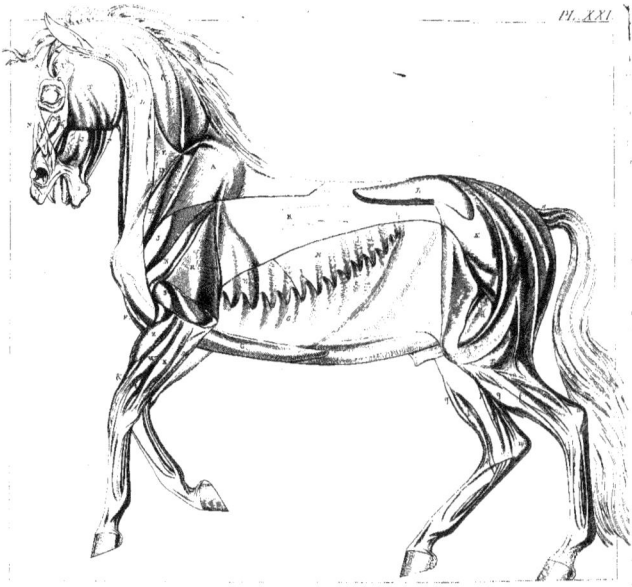

Pl. XXI

Fig. III.

Fig. II.

Fig. I.

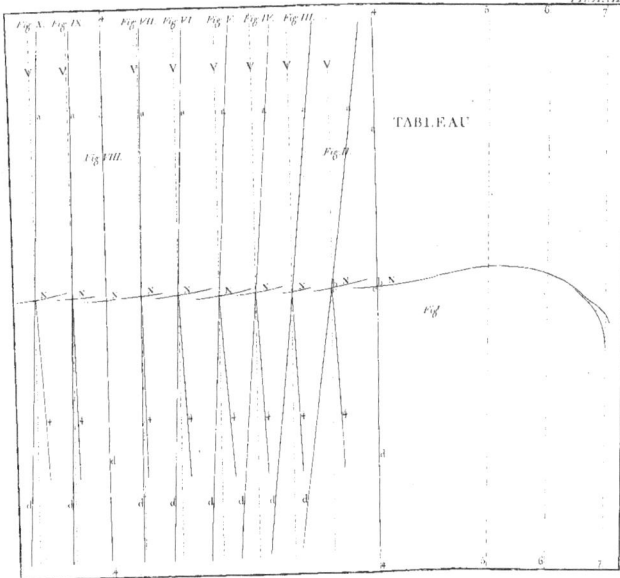

TABLEAU